Sitzungsberichte
der Heidelberger Akademie der Wissenschaften
Stiftung Heinrich Lanz
Mathematisch-naturwissenschaftliche Klasse
Abteilung A.
Jahrgang 1924. 4. Abhandlung.

Zur absoluten Geometrie.

Von

L. Heffter
in Freiburg i. Br.

Eingegangen am 16. Februar 1924

Berlin und Leipzig 1924

Walter de Gruyter & Co.

vormals G. J. Göschen'sche Verlagshandlung / J. Guttentag, Verlagsbuchhandlung / Georg Reimer / Karl J. Trübner / Veit & Comp.

Zur absoluten Geometrie.

Die nachstehende Vereinfachung und übersichtliche Gestaltung der Hauptformeln der absoluten Geometrie unter Wahrung der Dualität scheint noch nicht bekannt zu sein. Alle Bezeichnungen und Benennungen sind die in der Euklidischen Geometrie gebräuchlichen oder so gewählt, daß sie sich möglichst selbst erklären.[1])

I. Das absolute Gebilde.

Die projektive Geometrie des Raumes sei entwickelt. Dem Vorgang von CAYLEY[2]) und F. KLEIN[3]) folgend werde der projektive Raum durch eine absolute Fläche ($A.\ F.$) „geeicht". Ihre Gleichungen in zusammengehörigen Ebenen- und Punktkoordinaten seien

(1a) $f(u,u) \equiv u_1^2 + u_2^2 + u_3^2 + \varepsilon u_4^2 = 0$ | (1b) $F(x,x) \equiv \varepsilon(x_1^2 + x_2^2 + x_3^2) + x_4^2 = 0,$

wo $\varepsilon = +1$ (elliptische Geometrie) oder $\varepsilon = -1$ (hyperbolische Geometrie) oder $\varepsilon = 0$ (parabolische oder Euklidische Geometrie) ist. Jede dieser beiden Formen ist die adjungierte der andern; im Falle $\varepsilon = 0$ wenigstens F die adjungierte von f. Die $A.\ F.$ in Achsen- und Strahlenkoordinaten, d. h. ihr Tangentenkomplex hat die Gleichungen

(2a) $\varphi(q,q) \equiv q_{23}^2 + q_{31}^2 + q_{12}^2 + \varepsilon(q_{14}^2 + q_{24}^2 + q_{34}^2) = 0$ | (2b) $\Phi(p,p) \equiv p_{14}^2 + p_{24}^2 + p_{34}^2 + \varepsilon(p_{23}^2 + p_{31}^2 + p_{12}^2) = 0.$

Die Punkte, Ebenen, Strahlen der $A.\ F.$ heißen absolute Punkte, Ebenen, Strahlen. Alle vier Formen sind so bestimmt, daß sie in der elliptischen und parabolischen Geometrie für alle reellen, nicht absoluten Elemente, in der hyperbolischen Geometrie aber für die elliptischen (inneren) Punkte und für die hyperbolischen, d. h. in das Innere der $A.\ F.$ eintretenden Geraden und Ebenen positive

---

[1]) Im übrigen vergl. man wegen der Bezeichnung von Formen und Determinanten das Lehrbuch der anal. Geom. von L. HEFFTER und C. KOEHLER. Leipzig, Teubner, I. 1905, II. 1923.

[2]) A sixt memoir on Quantics, Phil. Trans. t. 149 (1859); Coll. math. Papers Vol. II.

[3]) Über die sog. Nicht-Euklidische Geometrie, Gött. Nachr. 1871 und die folgenden Abhandlungen. Ges. Math. Abhandlungen I. 1921.

Werte haben. Sie werden deshalb im folgenden stets in dieser Gestalt festgehalten und niemals mit einem Faktor multipliziert.

Durch den Wert von ε wird zugleich dem projektiven Raum, bei dem von einem Krümmungsmaß noch nicht die Rede sein kann, das Krümmungsmaß $+1$, -1 oder 0 aufgeprägt.

II. Normalkoordinaten.

Die Koordinaten jedes nicht absoluten Elementes können in die Normalform gesetzt werden durch Division mit bzw.

$$\sqrt{f(u,u)},\ \sqrt{F(x,x)},\ \sqrt{\varphi(q,q)},\ \sqrt{\Phi(p,p)}. \tag{3}$$

Die Wahl des Vorzeichens dieser Wurzeln wollen wir frei lassen, um die wünschenswerte Übersichtlichkeit unserer Skizze nicht durch die Unterscheidung der beiden Möglichkeiten zu belasten.

Sind die u_i, x_i, q_{ik}, p_{hl} bereits Normalkoordinaten, so ist für jedes nicht absolute Element des Raumes

$$f(u,u)=1,\ F(x,x)=1,\ \varphi(q,q)=1,\ \Phi(p,p)=1 \tag{4}$$

und

$$p_{ik}^2=q_{hl}^2,\ (ik,hl=23,31,12,14,24,34,\ ik \neq hl;\ p_{ii}=q_{hh}=0), \tag{5}$$

so daß $\varphi(q,q)$ und $\Phi(p,p)$ gliedweise miteinander übereinstimmen.

Überall im folgenden sollen die Elemente, von denen wir ausgehen, stets schon in Normalkoordinaten gegeben sein. Die Koordinaten des Schnittelementes s, bzw. Verbindungselementes v zweier oder dreier einander gleichartiger Elemente werden stets durch einfache Determinantenbildung, zweier ungleichartiger Elemente durch einfache Komposition aus den Normalkoordinaten jener Elemente ohne Hinzufügung eines Faktors hergestellt.

III. Qualitative Beziehungen.

Zwei Ebenen, eine Ebene und eine Gerade, zwei inzidente, d. h. sich schneidende Gerade heißen parallel (oder absolut geschnitten), drei Ebenen parallel gerichtet[1]), wenn ihr Schnittelement absolut ist.

Zwei Punkte, ein Punkt und eine Gerade, zwei inzidente, d. h. in derselben Ebene liegende Gerade, drei Punkte heißen absolut verbunden, wenn ihr Verbindungselement absolut ist.

[1]) Nicht zu verwechseln mit parallelen oder parallel gestellten Ebenen!

Hiernach sind parallel | absolut verbunden

zwei Ebenen u, u', wenn

(6a) $\varphi(s,s)=0 \quad (s_{ik}=(uu')_{ik})$,

eine Ebene u und eine Gerade p, wenn

(7a) $F(s,s)=0$

$(s_i = u_1 p_{i1} + u_2 p_{i2} + u_3 p_{i3} + u_4 p_{i4})$,

zwei inzidente Gerade q, q', wenn

(8a) $F(s,s)=0$

$(s_h : s_k : s_l = (q_i q'_i)_{kl} : (q_i q'_i)_{lh} : (q_i q'_i)_{hk}$
$i, h, k, l = 1, 2, 3, 4)$;

parallel gerichtet drei Ebenen u, u', u'', wenn

(9a) $F(s,s)=0$
$(s_i = (u u' u'')_i)$.

zwei Punkte X, X', wenn

(6b) $\Phi(v,v)=0 \quad (v_{ik}=(xx')_{ik})$,

ein Punkt X und eine Gerade q, wenn

(7b) $f(v,v)=0$

$(v_i = x_1 q_{i1} + x_2 q_{i2} + x_3 q_{i3} + x_4 q_{i4})$,

zwei inzidente Gerade p, p', wenn

(8b) $f(v,v)=0$

$(v_h : v_k : v_l = (p_i p'_i)_{kl} : (p_i p'_i)_{lh} : (p_i p'_i)_{hk}$
$i, h, k, l = 1, 2, 3, 4)$;

drei Punkte X, X', X'', wenn

(9b) $f(v,v)=0$
$(v_i = (x x' x'')_i)$.

Zwei gleichartige oder ungleichartige Elemente heißen orthogonal oder absolut konjugiert, wenn sie in bezug auf die *A. F.* konjugiert sind.

Hiernach sind orthogonal

zwei Ebenen u, u', wenn

(10a) $f(u,u')=0$,

eine Ebene u und eine Gerade p, wenn

(11a)
$f_i(u)\, p_{kl} + f_k(u)\, p_{li} + f_l(u)\, p_{ik} = 0$,

zwei Punkte X, X', wenn

(10b) $F(x,x')=0$,

ein Punkt X und eine Gerade q, wenn

(11b)
$F_i(x)\, q_{kl} + F_k(x)\, q_{li} + F_l(x)\, q_{ik} = 0$,

$(i, k, l = 234, 134, 124, 123)$,

zwei Gerade p und p' oder q und q', wenn

(12) $\Phi(p,p')=0$ oder $\varphi(q,q')=0$.

IV. Quantitative Bestimmungen.

Um zu quantitativen Bestimmungen zu gelangen, gehen wir — geführt durch eine Beobachtung beim Studium der bekannten Darstellungen der Nicht-Euklidischen Geometrie — von gewissen Determinanten aus, die aus den Normalkoordinaten von zwei, drei oder vier gleichartigen Elementen gebildet sind, und setzen dabei zunächst ausdrücklich $\varepsilon \neq 0$, also $\varepsilon = \pm 1$ voraus.

Bei zwei Punkten X, X' mit der Verbindungslinie v betrachten wir

$$(13)\quad \begin{vmatrix} F(x,x) & F(x,x') \\ F(x',x) & F(x',x') \end{vmatrix} = (xx')_{23}^2 + (xx')_{31}^2 + (xx')_{12}^2 + \varepsilon\left[(xx')_{14}^2 + (xx')_{24}^2 + (xx')_{34}^2\right] \equiv \Phi(v,v).$$

Dieser Ausdruck $\Phi(v,v)$ ist eindeutig bestimmt durch X und X' und nur gleich Null, wenn entweder alle $v_{ik} = 0$ sind, d. h. wenn $X = X'$ ist, oder X und X' absolut verbunden sind. Er eignet sich deshalb zur Definition des „Streckenquadrates" XX'^2, dem wir die dualistische Definition des „Sinusquadrates" zweier Ebenen u und u' zur Seite stellen:

(14a) $XX'^2 = \Phi(v,v)$, wenn v die Verbindungslinie des Punktepaares X, X' ist.	(14b) $\sin^2(u,u') = \varphi(s,s)$, wenn s die Schnittlinie des Ebenenpaares u, u' ist.

Wird in diesen Definitionen $\varepsilon = 0$ gesetzt, so ist zwar die Determinante in (13) links identisch Null, aber die Ausdrücke Φ (v,v) und φ (s,s) sind mit denjenigen der Euklidischen Geometrie für Streckenquadrat und Sinusquadrat identisch, wenn dort jede Strecke stets durch die zugehörige Einheitsstrecke des Koordinatensystems gemessen wird. Diese ist aber durch die elliptische Eichfläche des Koordinatensystems $(x_1^2 + x_2^2 + x_3^2 - 1 = 0)$ bestimmt, und diese wiederum ist hier durch die $A. F.$, deren Gleichung in der Gestalt (1) festgehalten werden sollte, eindeutig mitbestimmt.

Die Definitionen (14) sind ferner im Einklang mit den sonst üblichen Definitionen der Nicht-Euklidischen Geometrie. Denn die dort z. B. „Distanz"[1]) genannte Größe wird definiert durch die Gleichung

$$(15)\quad \text{Dist.}(X,X') = \frac{i}{2}\log(XX'J_1J_2) = \frac{i}{2}\log\frac{F(x,x') + \sqrt{F(x,x')^2 - F(x,x)F(x',x')}}{F(x,x') - \sqrt{F(x,x')^2 - F(x,x)F(x',x')}},$$

wo J_1, J_2 die Schnittpunkte der Geraden $v \equiv XX'$ mit der $A. F.$ sind. Eine einfache Rechnung – immer unter Berücksichtigung, daß die Ausgangselemente X, X' in Normalkoordinaten gegeben sind — ergibt

$$(16)\quad \sin^2\text{Dist}(X,X') = F(x,x)F(x',x') - F(x,x')^2 = \Phi(v,v),$$

also unser Streckenquadrat gleich dortigem $\sin^2$ Dist. Es scheint uns besser, wie das Streckenquadrat eines Punktepaares so das Sinusquadrat eines Ebenenpaares als Primäres voranzustellen und die Größe des Winkels selbst sekundär mittels einer transzendenten (logarithmischen oder zyklometrischen) Funktion aus dem Sinus abzuleiten, als den umgekehrten Weg zu gehen. Denn: 1. Bei der Her-

[1]) Vergl. Beck, Koordinatengeometrie I. Berlin 1919. S. 237 ff.

kunft von der projektiven Geometrie ist das Doppelverhältnis die Quelle aller Maßbestimmung, und das Sinusquadrat ist rational durch ein Doppelverhältnis ausdrückbar. 2. Die trigonometrischen Funktionen eines Elementepaares spielen in der Geometrie fast die alleinherrschende Rolle, während die Winkelgröße selbst nur äußerst selten auftritt. 3. Die Dualität zwischen Streckenquadrat und Sinusquadrat tritt bei dem andern Weg kaum, hier unmittelbar in Erscheinung. 4. Das Sinusquadrat, nicht aber die Winkelgröße, ordnet sich in das allgemeine Maßgesetz ein, das im Verlauf dieser Arbeit hervortreten wird. –

Sind X, X', X'' drei Punkte mit der Verbindungsebene v und ist zunächst wieder $\varepsilon \neq 0$, so ist

$$(17) \qquad \begin{vmatrix} F(x,x) & F(x,x') & F(x,x'') \\ F(x',x) & F(x',x') & F(x',x'') \\ F(x'',x) & F(x'',x') & F(x'',x'') \end{vmatrix} \begin{aligned} &= (xx'x'')_1^2 + (xx'x'')_2^2 \\ &\quad + (xx'x'')_3^2 + \varepsilon\,(xx'x'')_4^2 \\ &\equiv f(v,v). \end{aligned}$$

Dieser Ausdruck ist wieder eindeutig durch die drei Punkte bestimmt und nur gleich Null, wenn entweder alle $v_i \equiv (xx'x'')_i = 0$ sind, d. h. wenn die drei Punkte kollinear (auf einer Geraden) liegen oder wenn sie absolut verbunden sind. Entsprechend dualistisch. Wir können daher definieren:

Das Quadrat der Fläche des Dreiecks $X X' X''$ ist	Das Quadrat des Seitensinus der Ecke $u u' u''$ ist
(18a) $(X X' X'')^2 = f(v,v)$,	(18b) $\sin^2(u u' u'') = F(s,s)$,
wo v die Ebene der drei Punkte X, X', X'' ist.	wo s der Schnittpunkt der drei Ebenen u, u', u'' ist.

Auch diese Formeln sind für $\varepsilon = 0$ im Einklang mit der Euklidischen Geometrie, wenn man dort jedes Dreieck durch das zugehörige Einheitsdreieck (nicht Einheitsquadrat) mißt.

Werden die vier Determinanten in (17) nach der ersten Zeile entwickelt, so folgt:

$$(19) \qquad \begin{aligned} &[x_2(x'x'')_{34} + x_3(x'x'')_{42} + x_4(x'x'')_{23}]^2 \\ &+ [x_1(x'x'')_{34} + x_3(x'x'')_{41} + x_4(x'x'')_{13}]^2 \\ &+ [x_1(x'x'')_{24} + x_2(x'x'')_{41} + x_4(x'x'')_{12}]^2 \\ &+ \varepsilon\,[x_1(x'x'')_{23} + x_2(x'x'')_{31} + x_3(x'x'')_{12}]^2 \equiv f(v,v). \end{aligned}$$

Die hier auftretenden Determinanten zweiten Grades sind die Strahlenkoordinaten v'_{ik} der Geraden $v' \equiv X' X''$, aber noch nicht in Normalform. Um diese zu erreichen, müssen sie vielmehr noch durch $\sqrt{\Phi(v',v')}$, der ganze Ausdruck also durch $\Phi(v',v')$ dividiert werden. Das ist aber nach (14a) das Streckenquadrat $X' X''^2$, da diese Punkte selbst in Normalkoordinaten gegeben waren. Bezeichnen wir nun die Normalkoordinaten der Geraden $v' \equiv X'X''$ mit p_{ik}, so ist

$$(20)\quad \begin{aligned}&[x_2 p_{34} + x_3 p_{42} + x_4 p_{23}]^2 + [x_1 p_{34} + x_3 p_{41} + x_4 p_{13}]^2 \\ &+ [x_1 p_{24} + x_2 p_{41} + x_4 p_{12}]^2 + \varepsilon [x_1 p_{23} + x_2 p_{31} + x_3 p_{12}]^2 \\ &= \frac{f(v,v)}{\Phi(v',v')} \equiv f(\bar v, \bar v),\end{aligned}$$

wenn die $\bar v_i$ die durch Komposition der Normalkoordinaten des Punktes X und der Geraden $v' \equiv p \equiv X'X''$ entstandenen Koordinaten der verbindenden Ebene $\bar v \equiv v$ dieser beiden Elemente sind. Der Ausdruck ist also durch X und die Gerade $v' \equiv p \equiv X'X''$ eindeutig bestimmt und nur gleich Null, wenn Punkt und Gerade inzidieren oder absolut verbunden sind. Wir definieren deshalb (für $\varepsilon = 0$ im Einklang mit der Euklidischen Geometrie):

Das Abstandsquadrat des Punktes X und der Geraden p	Das Sinusquadrat der Ebene u und der Geraden q
(21a) $(Xp)^2 = f(\bar v, \bar v)$,	(21b) $\sin^2(uq) = F(\bar s, \bar s)$,
wo $\bar v$ die Ebene Xp ist.	wo $\bar s$ der Schnittpunkt uq ist.

Aus (20) und (18) aber ergeben sich die Folgerungen:

(22a) $f(v,v) = \Phi(v',v') f(\bar v, \bar v)$,	(22b) $F(s,s) = \varphi(s',s') F(\bar s, \bar s)$,
d. h. $(XX'X'')^2 = (X'X'')^2 (X, X'X'')^2$:	d. h. $\sin^2(uu'u'') = \sin^2(u'u'') \sin^2(u, u'u'')$:
Die Fläche eines Dreiecks ist gleich jeder Seitenstrecke mal ihrem Abstand von der Gegenecke.	Der Seitensinus einer Ecke ist gleich dem Sinus jedes Seitenpaares mal dem Sinus seiner Schnittkante und der Gegenseite.

Sind endlich X, X', X'', X''' vier durch Normalkoordinaten gegebene Punkte, so ist

$$(23)\quad \begin{vmatrix} F(x,x) & F(x,x') & F(x,x'') & F(x,x''') \\ F(x',x) & F(x',x') & F(x',x'') & F(x',x''') \\ F(x'',x) & F(x'',x') & F(x'',x'') & F(x'',x''') \\ F(x''',x) & F(x''',x') & F(x''',x'') & F(x''',x''') \end{vmatrix} = \varepsilon^3 (x\,x'\,x''\,x''')^2.$$

Weil der Faktor ε^3 für die Euklidische Geometrie $= 0$ und für die hyperbolische $= -1$ ist, also in letzterem Falle für alle reellen Punkte innerhalb der $A. F.$ einen negativen Wert der linksstehenden Determinante liefert, wählen wir statt dieser das Determinantenquadrat $(x\,x'\,x''\,x''')^2$ selbst. In ihm hat die $A. F.$ nur insofern ihre Spur hinterlassen, als die Koordinaten der vier Punkte Normalform haben.

Da dieser Ausdruck also durch die vier Punkte eindeutig bestimmt und nur dann gleich Null ist, wenn alle vier Punkte komplanar sind (in derselben Ebene liegen), so eignet er sich zur Definition des Tetraedervolumens. Diesem stellen wir dualistisch den Begriff des „Tetraeder-Sinus" (Sinus eines Ebenenquadrupels) gegenüber, der in der Euklidischen Geometrie die Verallgemeinerung des STAUDTschen Seitensinus einer Ecke, (Sinus eines Ebenentripels), wie dieser eine Verallgemeinerung des Sinus eines Ebenenpaares ist und in seiner geometrischen Bedeutung durch die folgenden Sätze sogleich verständlich werden wird. Also:

Quadrat des Tetraeders der vier Punkte X, X', X'', X'''	Quadrat des Sinus der vier Ebenen u, u', u'', u'''
(24a) $(X X' X'' X''')^2 = (x x' x'' x''')^2.$	(24b) $\sin^2 (u u' u'' u''') = (u u' u'' u''')^2.$

Die Definition des Tetraedervolumens ist mit derjenigen der Euklidischen Geometrie im Einklang, wenn das Tetraeder mit dem Einheitstetraeder, nicht mit dem Einheitswürfel gemessen wird.

Nach der ersten Zeile entwickelt ist die Determinante (24a)

$$(x x' x'' x''')^2 = \left[\Sigma x_i (x' x'' x''')_i\right]^2. \tag{25}$$

Die rechte Seite ist die Komposition der Normalkoordinaten x_i von X mit den Koordinaten v_i der Gegenseite $v \equiv X' X'' X'''$, die aber noch nicht Normalform haben, sondern erst durch Division der Gleichung mit $f(v, v)$ erhalten. Bezeichnet man die Normalkoordinaten von $v \equiv X' X'' X'''$ mit u_i (so daß dann v und u dieselbe Ebene bedeuten), so ist $\Sigma x_i u_i$ ein durch die Elemente X und u eindeutig bestimmter Ausdruck, der nur bei Inzidenz von X und u Null wird, also zur Definition des sich selbst dualistischen Abstandes Xu geeignet ist:

Das Abstandsquadrat des Punktes X und der Ebene u

$$(X u)^2 = (\Sigma x_i u_i)^2. \tag{26}$$

Zu derselben, mit der Euklidischen Geometrie im Einklang stehenden Definition gelangt man von (24b) aus, wenn man dort die Determinante nach der ersten Zeile entwickelt. Während aber (24a) nach der Entwicklung in die Gestalt (25) durch die Division mit $f(v, v)$ [nach (18a) Quadrat der Dreiecksfläche $X' X'' X'''$] die Gestalt (26) erhielt, erhält (24b) die Endform (26) nach Division mit $F(s, s)$, wo s der Schnittpunkt der drei Ebenen u', u'', u'', d. h. nach (18b) mit dem Quadrat des Seitensinus der Ecke $u' u'' u'''$. Somit folgt aus (24) und (26):

(27a) $(X X' X'' X''')^2 = (X' X'' X''')^2 (X u)^2$,

das Tetraedervolumen ist gleich dem Produkt jeder Seitenfläche mal ihrem Abstand von der Gegenecke.

(27b) $\sin^2 (u u' u'' u''') = \sin^2 (u' u'' u''') (u X)^2$,

der Tetraedersinus ist gleich dem Produkt des Seitensinus jeder Ecke mal ihrem Abstand von der Gegenseite.

Entwickelt man die Determinante (24a) andererseits nach dem Laplaceschen Satz durch Zusammenfassung der beiden ersten und der beiden letzten Zeilen, so folgt:

$$(28) \qquad (x x' x'' x''')^2 = \left[\Sigma (x x')_{ik} (x'' x''')_{hl}\right]^2.$$

Damit in der rechts stehenden Komposition der Strahlenkoordinaten von $v \equiv X X'$ und $v' \equiv X'' X'''$ diese Linienkoordinaten die Normalform p_{ik} und p'_{hl} erhalten, muß durch $\Phi (v, v)$ und $\Phi (v', v')$ dividiert werden, jene Größen, die nach (14a) die Streckenquadrate der beiden Gegenkanten $X X'$ und $X'' X'''$ bedeuten. Danach ist der Ausdruck $[\Sigma p_{ik} p'_{hl}]^2$ durch die beiden Gegenkanten $p \equiv v \equiv X X'$ und $p' \equiv v' \equiv X'' X'''$ eindeutig bestimmt und nur gleich Null, wenn diese beiden Geraden miteinander inzidieren, d. h. einen absoluten oder nicht absoluten Schnittpunkt haben. Wir benutzen ihn deshalb — für $\varepsilon = 0$ im Einklang mit den Formeln der Euklidischen Geometrie — zu der Definition:

Das Quadrat des Moments zweier Geraden p, p' oder q, q' ist

$$(29) \qquad (p p')^2 \equiv (q q')^2 = \left[\Sigma p_{ik} p'_{hl}\right]^2 = \left[\Sigma p_{ik} q'_{ik}\right]^2 = \left[\Sigma q_{hl} q'_{ik}\right]^2.$$

Denn zu derselben Definition gelangt man von (24b) aus, wobei nur statt der p_{ik} und p'_{hl} die mit ihnen gleichwertigen q_{hl} und q'_{ik} auftreten. Das Moment ist ein sich selbst dualistischer Begriff. Während man aber beim Übergang von (24a) zu (29) durch $\Phi (v, v)$ und $\Phi (v', v')$, die Streckenquadrate der beiden Gegenkanten $X X'$ und $X'' X'''$, dividieren mußte, muß man beim Übergang von (24b) zu (29) durch $\varphi (s, s)$ und $\varphi (s', s')$, d. h. nach (14b) durch die Sinusquadrate der beiden Gegenkanten $u u'$ und $u'' u'''$, dividieren. So ergeben sich die Sätze:

Das Tetraedervolumen ist gleich dem Produkt je zweier Gegenkantenstrecken mal ihrem Moment.

Der Tetraedersinus ist gleich dem Produkt der Sinus der Seitenpaare je zweier Gegenkanten mal ihrem Moment.

V. Beschränkung auf Bündel und Ebene.

Es bedarf kaum der Ausführung, wie sich die Formeln und Definitionen vereinfachen, wenn man sich auf das Bündel oder das ebene Feld beschränkt.

A. Als Träger des Bündels wählen wir einen nicht absoluten und im Falle des hyperbolischen Raumes elliptischen (inneren) reellen Punkt. Ein solcher ist stets der Punkt 0001. In allen vorstehenden Formeln ist dann $x_4 = u_4 = 0$ zu setzen. u_1, u_2, u_3 bleiben homogene Ebenenkoordinaten, x_1, x_2, x_3 werden homogene Strahlenkoordinaten. Es werden $p_{23} = p_{31} = p_{12} = q_{14} = q_{24} = q_{34} = 0$, $p_{14}^2 = q_{23}^2 = x_1^2$, $p_{24}^2 = q_{31}^2 = x_2^2$, $p_{34}^2 = q_{12}^2 = x_3^2$. Das absolute Gebilde wird

$$(30\text{a})\quad f(u,u) \equiv u_1^2 + u_2^2 + u_3^2 = 0 \quad\Big|\quad (30\text{b})\quad F(x,x) \equiv x_1^2 + x_2^2 + x_3^2 = 0$$

$$[\Phi(p,p) \equiv \varphi(q,q) \equiv F(x,x)].$$

Die Geometrie im Bündel ist elliptisch. Sie ist identisch mit der Geometrie in jeder Ebene des elliptischen Raumes, mit der in jeder elliptischen Ebene des hyperbolischen und mit der in der absoluten Ebene des parabolischen Raumes. In der elliptischen Geometrie eines Grundgebildes II. Stufe herrscht vollständige Dualität.

B. Als Träger eines ebenen Feldes wählen wir eine reelle nicht absolute und im Falle des hyperbolischen Raumes hyperbolische (reell schneidende) Ebene. Ein solche ist stets die Ebene 0010. In allen Definitionen und Formeln von IV ist dann $x_3 = u_3 = p_{23} = p_{31} = p_{34} = q_{14} = q_{24} = q_{12} = 0$ zu setzen. x_1, x_2, x_4 bleiben homogene Punktkoordinaten, u_1, u_2, u_4 werden homogene Linienkoordinaten in der Ebene. Es wird $q_{31}^2 = p_{24}^2 = u_1^2$, $q_{23}^2 = p_{14}^2 = u_2^2$, $q_{34}^2 = p_{12}^2 = u_4^2$. Das absolute Gebilde wird

$$(31\text{a})\quad f(u,u) \equiv u_1^2 + u_2^2 + \varepsilon u_4^2 = 0 \quad\Big|\quad (31\text{b})\quad F(x,x) \equiv \varepsilon x_1^2 + \varepsilon x_2^2 + x_4^2 = 0$$

$$[\varphi(q,q) \equiv \Phi(p,p) \equiv f(u,u)].$$

Je nachdem $\varepsilon = +1, = -1$ oder $= 0$ ist, ist die Geometrie in dieser Ebene elliptisch (Fall A), hyperbolisch oder parabolisch. In allen quantitativen Bestimmungen, die aus den in IV aufgestellten fließen, gilt auch hier wie dort die Dualität.

Dies veranlaßt endlich noch zur Einführung eines weiteren Maßbegriffs in der Ebene. Dem Seitensinus einer Ecke, der raumdualistisch der ebenen Dreiecksflächengröße gegenüberstand, steht bündeldualistisch der Kantensinus einer Ecke gegenüber. Folglich müssen wir auch in der Ebene dem Dreieck ebenendualistisch das Dreiseit gegenüberstellen und der Fläche eines ebenen Dreiecks den „Seitensinus eines ebenen Dreiseits“. Setzt man aber in

(18a) $x_3 = 0$, so reduziert sich rechts $f(v,v)$ auf $(xx'x'')_3^2$, d. h. auf die aus den drei Normalkoordinaten von X, X', X'' (mit den Indizes 1,2,4) gebildete Determinante im Quadrat. Neben diese aus (18a) fließende Formel für die Fläche des Dreiecks in der Ebene stellen wir als Definition die für den Seitensinus eines ebenen Dreiseits aus den durch ihre Normalkoordinaten gegebenen drei Geraden u, u', u'':

(32a) $(XX'X'')^2 = (xx'x'')^2$ | (32b) $\sin^2(uu'u'') = (uu'u'')^2$.

Aus dem für die Dreiecksfläche gewonnenen Satz (22a) folgt dann ebenendualistisch:

Der Seitensinus eines ebenen Dreiseits ist gleich dem Sinus jedes Seitenpaares multipliziert mit dem Abstand seines Schnittpunktes von der Gegenseite.

VI. Das allgemeine Gesetz der Maßbestimmung.

Aus IV und V ergibt sich als allgemeines Gesetz für die Definition der Maßbestimmungen:

Sind in dem durch $f(u,u), F(x,x), \varphi(q,q), \Phi(p,p)$ geeichten projektiven Raum zwei oder drei gleichartige oder zwei ungleichartige Elemente gegeben, die projektiv im allgemeinen ein Schnitt- oder Verbindungselement bestimmen, und sind s_i, bzw. s_{ik} oder v_i, bzw. v_{ik} die aus den Normalkoordinaten der ursprünglichen Elemente durch Determinantenbildung bei gleichartigen, durch Komposition bei ungleichartigen Elementen hergestellten Koordinaten des Schnitt- oder Verbindungselementes, so geben $F(s,s)$ oder $\varphi(s,s)$, je nachdem s ein Punkt oder eine Gerade ist, bzw. $f(v,v)$ oder $\Phi(v,v)$, je nachdem v eine Ebene oder eine Gerade ist, unmittelbar die durch die ursprünglichen Elemente bestimmte Maßgröße. Bei vier gleichartigen Elementen gibt schon die aus ihren Normalkoordinaten gebildete Determinante, bei zwei solchen ungleichartigen oder gleichartigen Elementen, die projektiv kein neues Element bestimmen, gibt die Komposition ihrer Normalkoordinaten die Maßgröße.

Die linke Seite der Gleichung der *A. F.* in Punkt-, Ebenen- oder Linienkoordinaten erweist sich also im eigentlichsten Sinne als „Maßfunktion".

Es bedarf kaum der Erwähnung, daß unsere Betrachtungen sich mit geringen Änderungen auch für eine hyperbolische *A. F.* $u_1^2 + u_2^2 - u_3^2 - u_4^2 = 0$ oder zusammenfassend für

(33) $$f(u,u) \equiv u_1^2 + u_2^2 + \varepsilon u_3^2 + \delta u_4^2 = 0,$$

wo $\varepsilon = \pm 1, \delta = \pm 1$ oder $= 0$, ja für eine beliebige Gleichungsgestalt einer beliebigen *A. F.* II. Grades durchführen lassen. Eine hyperbolische *A. F.* wird deshalb meistens ausgeschlossen, weil bei ihr die Geometrie in jedem Bündel nicht elliptisch, sondern hyperbolisch ausfällt und man ersteres zu postulieren pflegt.

Endlich noch eine letzte Bemerkung. Wie die Dreiecksfläche in der ebenen Geometrie einfach durch eine Determinante, in der Raumgeometrie aber durch die für die Koordinaten der Dreiecksebene gebildete Maßfunktion gegeben wurde, so gilt Entsprecheudes für das Tetraedervolumen und sein Dualistikum, für das Moment zweier Geraden, für den Abstand Punkt — Ebene, wenn man den Raum als ebenen Ausschnitt eines Raumes $x_1 x_2 x_3 x_4 x_5 / u_1 u_2 u_3 u_4 u_5$ betrachtet, für den natürlich auch der „absolute Raum" so aufzustellen ist, daß die *A. F.* ein Schnitt von ihm mit $x_5 = 0$ ist. Bei Durchführung dieser Auffassung gestaltet sich das obige allgemeine Gesetz noch einfacher, indem dann in allen Fällen, die im dreidimensionalen Raum auftreten, die Maßfunktion die Maßgröße gibt.

FSC
www.fsc.org
MIX
Papier | Fördert gute Waldnutzung
FSC® C083411

Zeitfracht Medien GmbH
Ferdinand-Jühlke-Straße 7
99095 Erfurt, Deutschland
produktsicherheit@kolibri360.de